古生物

撰文/谢中敏　　　审订/赖景阳

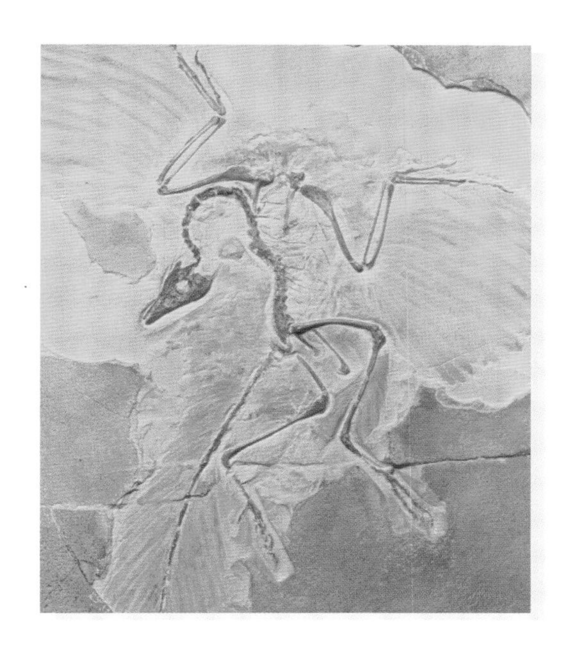

中国盲文出版社

怎样使用《新视野学习百科》？

请带着好奇、快乐的心情，
展开一趟丰富、有趣的学习旅程！

1 开始正式进入本书之前，请先戴上神奇的思考帽，从书名想一想，这本书可能会说些什么呢？

2 神奇的思考帽一共有 6 顶，每次戴上一顶，并根据帽子下的指示来动动脑。

3 接下来，进入目录，浏览一下，看看这本书的结构是什么，可以帮助你建立整体的概念。

4 现在，开始正式进行这本书的探索啰！本书共 14 个单元，循序渐进，系统地说明本书主要知识。

5 英语关键词：选取在日常生活中实用的相关英语单词，让你随时可以秀一下，也可以帮助上网找资料。

6 新视野学习单：各式各样的题目设计，帮助加深学习效果。

7 我想知道……：这本书也可以倒过来读呢！你可以从最后这个单元的各种问题，来学习本书的各种知识，让阅读和学习更有变化！

神奇的思考帽

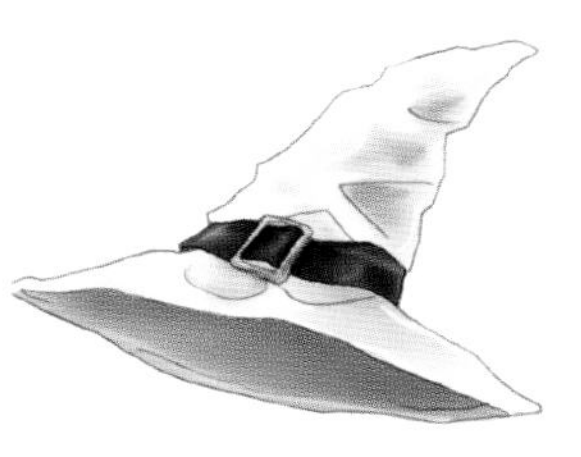
客观地想一想

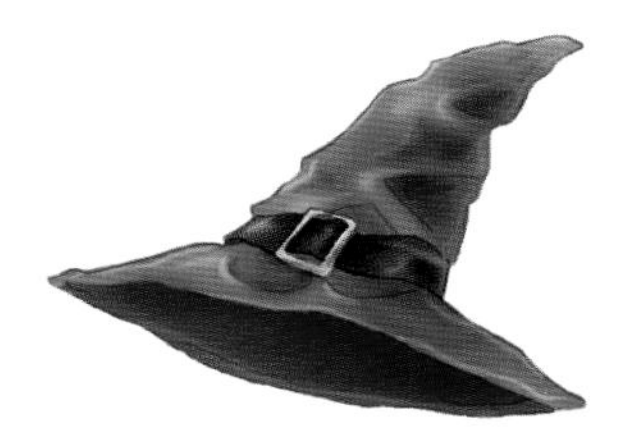
用直觉想一想

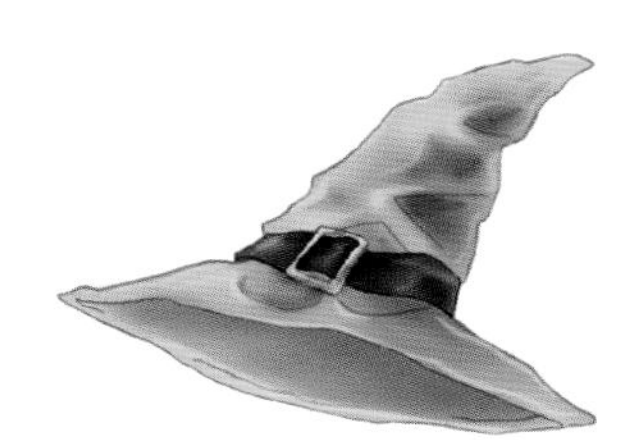
想一想优点

想一想缺点

想得越有创意越好

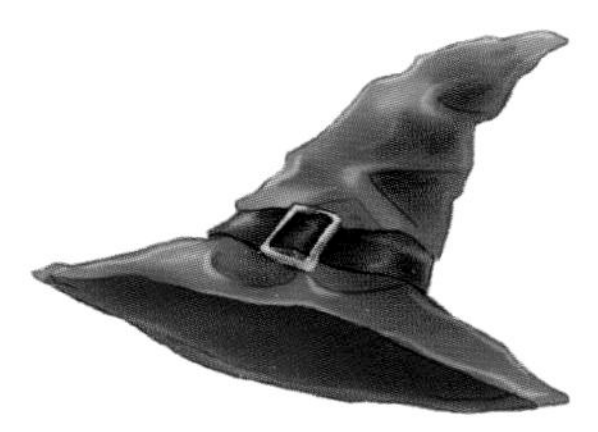
综合起来想一想

? 我知道哪些古生物生活在海中、陆地或天空？

? 我最喜欢哪个地质年代的动物？

? 化石可以让我们知道哪些事情？

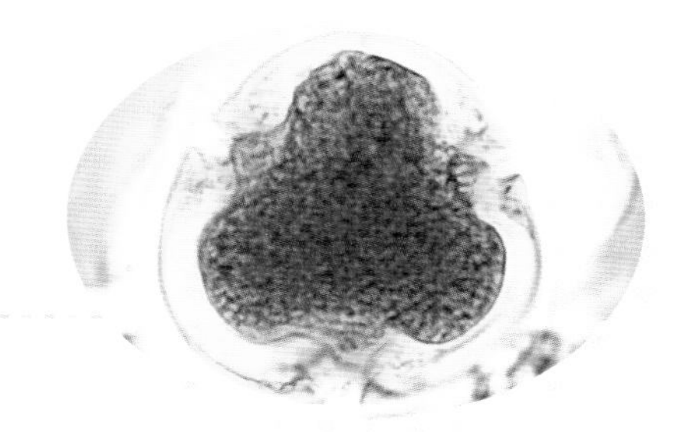

? 恐龙在什么时代最兴盛？又为什么会绝迹？

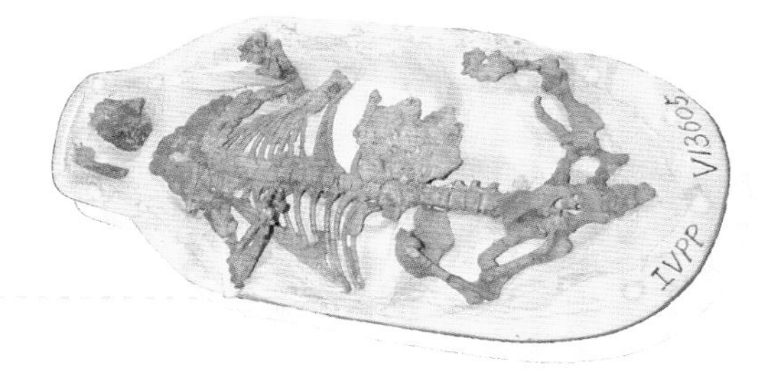

? 生活中哪些事物和古生物有关？想得愈多愈好！

? 我们为什么要研究古生物？

目录

CONTENTS

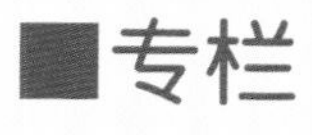

■专栏

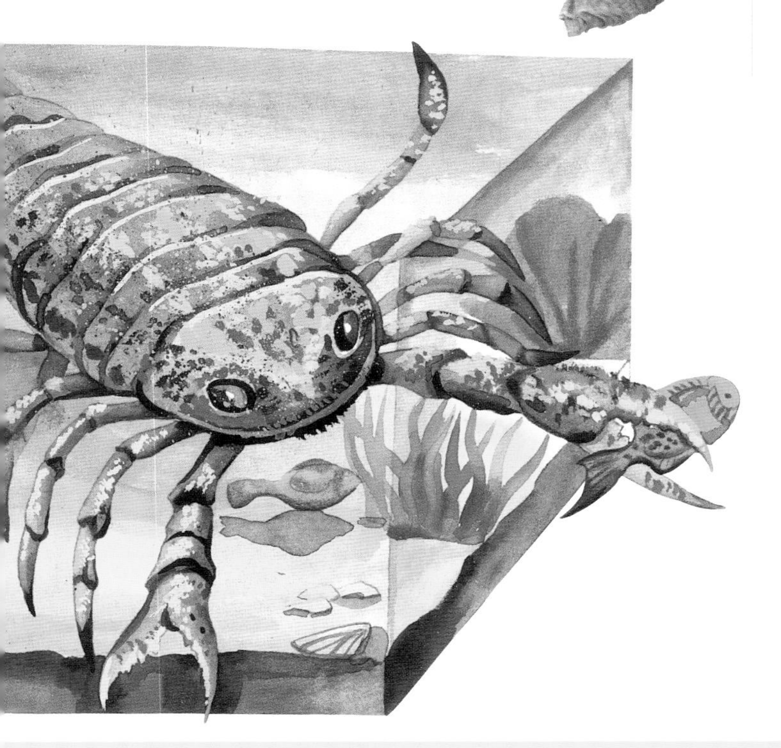

单元1

演化

1.5亿年前，最古老的鸟类开始出现，当时是蜥蜴、恐龙之类活跃的爬虫类时代。这些爬虫类为了吃树上的果实，就渐渐变成有羽毛、翅膀和爪子的始祖鸟。

始祖鸟又大又笨重，不太会飞，常常爬到高的地方张开翅膀滑翔。为了可以飞得更高，始祖鸟渐渐变成身体小、体重轻，像鸽子一样只要拍拍翅膀就可以飞得又高又远的鸟类。像这种随着时间和生活环境的不同，而慢慢改变生物外形的过程，就叫作“演化”。

始祖鸟复原想象图。始祖鸟由爬虫演化而来，拥有一双粗壮的脚，善于在地上行走。虽有翅膀，但仅能利用前肢末端的爪趾，攀上树梢，再由较高的地方滑翔到地面。（图片提供/达志影像）

生物演化的过程

同一个妈妈生下来的小孩，每个长相都不一样，有的高、有的胖。生物也是一样，同一只母鸟生下来的小鸟，有些翅膀比较大、有些身体比较轻，每只都有些微不同。

身体比较轻巧的鸟，因为飞得比较快，可以更快吃到更多的果实，敌人来的时候也逃跑得比较快，不容易被其他动物吃掉。至于身体较笨重的鸟，飞得比较慢、比较低，因为常常吃不到食物，哺育下一代的机会比较少，容易被其他动物吃掉。

陆鬣蜥。达尔文发现，在科隆群岛有两种鬣蜥，海鬣蜥与陆鬣蜥的形态及习性都很相似，但栖息场所却不同，已经各自演化而无法互相交配。（图片提供/欧新社）

于是，身体轻巧的鸟哺育了很多幼鸟，这些幼鸟遗传了亲鸟身体轻巧的特性，比较容易吃到食物、躲避敌人，而幼鸟长大后又可以哺育更多身体轻巧的幼鸟，因此身体轻巧的鸟类越来越多，而身体重的鸟类越来越少。这种从身体笨重变成身体越来越轻巧的过程，就是一种鸟的演化。

鸟类经过长期的演化，前肢已不再有爪子，尾巴也缩短许多。

经过演化，长颈鹿才长成今天这副模样：身高5米，是陆地上最高的动物。

英国的尺蠖蛾是著名的演化例子。右上为黑色种，左下为灰色种。（图片提供/达志影像）

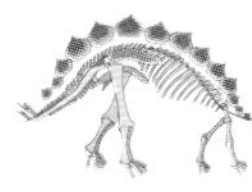

利用化石研究生物演化

生物死亡之后被埋在土壤里面，经过几万年之后，这种生物的躯体或其留下来的痕迹叫作“化石”。科学家从化石中发现鸟类演化的过程和趋势，即从远古时身体又重又大，变成像现代鸟一样又轻又小。因此，科学家观察化石中的生物，就可以知道古代生物的外形是什么样子，并且知道生物慢慢改变自己外形的过程，最后推演出古代生物的演化过程。

达尔文于1835年到科隆群岛后，悟出演化的道理。（图片提供/欧新社）

演化是怎么发生的

生物的数量庞大，有很多变异，某些变异在正常情形下显不出它的作用，但一旦环境发生变化，某些较能适应环境的变异就能脱颖而出。就这样，生物不断地产生变异，而大自然不断地加以筛选，长久下来，演化就发生了。

举例来说，英国有一种尺蠖蛾，全身呈灰褐色，停在灰褐色的树干上很不容易分辨。这种尺蠖蛾有一种黑色变种，它们停在树干上很容易被鸟类认出来，所以数量很少。英国工业革命后，树干被煤烟染黑，结果，黑色变种竟然成为多数，正常的尺蠖蛾反而成为少数了。

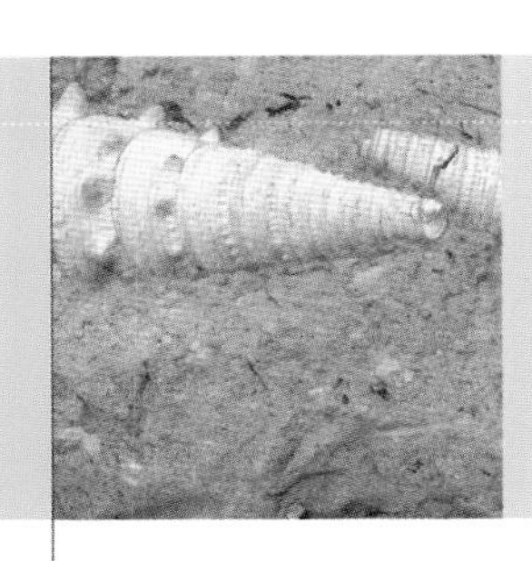

生命的起源和年代

地球在46亿年前形成，最早的生物大约在38亿年前出现，那时地球表面温度很高，没氧气，只有二氧化碳、氢、氮等，天空中充满闪电，火山运动很活跃，跟现在完全不一样。

1756年德国地质学家约翰·莱曼提出将地层分类的建议，演变成后来的地质年代表。(绘图/穆雅卿)

地球生命的形成

科学家认为，当时地球的闪电与水、空气发生化学作用，产生了简单的有机物质，再经过长时间的化学作用，最后最原始的生命便出现了。目前地球上所发现最原始的生物便是细菌和蓝绿藻。后来，细菌和蓝绿藻渐渐演化，形成了各式各样的生物。

如果我们把地球出现生物的时间浓缩成24小时，那么在晚上8点之后，生物才慢慢从单细胞生物（例如细菌、蓝绿藻）变成多细胞生物（例如鱼类）。这些生活在海里的鱼类、贝类、乌

地球在46亿年前形成。由于闪电与水和空气的化学作用，最早的原始生命约在38亿年前出现，之后经过演化形成各种生物。（绘图/陈和凯）

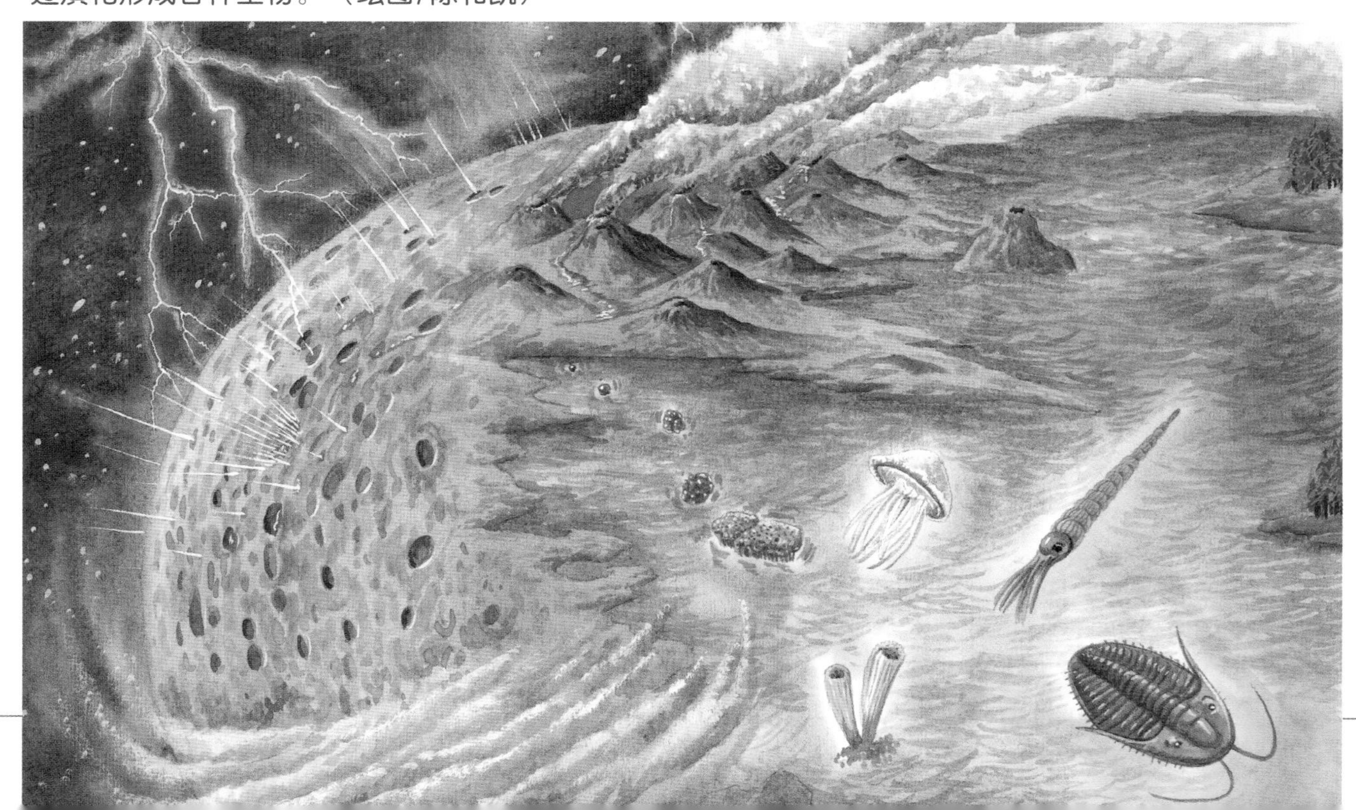

贼与虾等，生长越来越旺盛，海里的生物越来越多、越挤了，于是到了晚上9点之后，海里有一部分生物渐渐演化成可以到陆地上生活的两栖类。至于人类，是在晚上11点59分59秒才出现。在生物演化中，人类最晚出现。

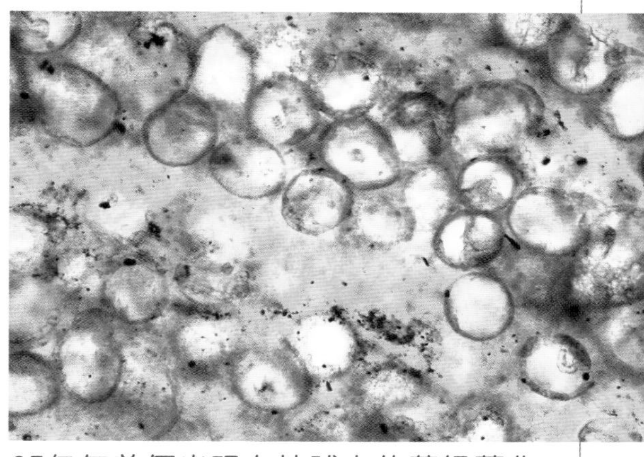

35亿年前便出现在地球上的蓝绿藻化石。（图片提供/达志影像）

依迪卡拉生物群

澳大利亚出现一种奇怪的动物化石。它们的身体像果冻，没有明显的器官，也没有骨骼、外壳等比较坚硬的组织，大约在6亿年前形成，叫作依迪卡拉生物群。依迪卡拉生物群因为身体没有比较坚硬的组织，所以死后只在岩石上留下身体形状的印模，就像用手在没有干的水泥上留下手印一样，是目前所知最早的动物化石。

澳大利亚发现的依迪卡拉生物化石群中的一个化石，至少有5.6亿年的历史。（图片提供/欧新社）

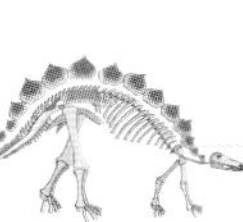

生命和地质年代的关系

虽然蓝绿藻在38亿年前就出现了，但是它的体型非常小，不容易形成化石，在世界上只有少数几个地方才找得到。到了6亿年前，多细胞生物大量出现，这些生物遍布全世界而且数量很多，很容易在世界各地找到它们的化石。科学家利用化石种类，把6亿年前生物大量出现以后的年代分成古生代、中生代和新生代，就像用太阳的出现来分早上和晚上一样。这种利用古生物种类来区分的时期，就称作“地质年代”。

地质年代			距今时间（百万年）	生物演化 动物	植物
新生代	第四纪	全新世	0.01	人的时代	被子植物时代
		更新世	1.8		
	新近纪	上新世	5.3	哺乳动物时代	
		中新世	23.8		
	古近纪	渐新世	33.7		
		始新世	55		
		古新世	65.5		
中生代	白垩纪★		142	爬虫类时代（恐龙时代）	裸子植物时代
	侏罗纪		205		
	三叠纪★		250		
古生代	二叠纪★		292	两栖动物时代	蕨类植物时代（孢子植物时代）
	石炭纪		354		
	泥盆纪★		417	鱼的时代	
	志留纪		440	海生无脊椎动物时代	
	奥陶纪★		495		
	寒武纪		545		
元古代	震旦纪		800	海生无脊椎动物	海生菌藻类
			2500		
太古代			3800	细胞、细胞群、细菌生命开始	

“地质年代表”是依地层中化石种类的改变，所划分的地史阶段。表中，地球历史上出现5次大规模的生物大灭绝事件，以★表示。

单元3

古生代早期

6亿年前生物大量出现后，进入古生代的第一个时期——寒武纪，生物由单细胞生物演化成多细胞的复杂生物。到了奥陶纪，海中开始出现最早的鱼类。到了志留纪以后，陆地上才开始出现植物。

海百合进行固着生活，看起来像植物，其实是动物。花瓣状的触手具捕食功能。这种动物在寒武纪便已出现。

寒武纪

寒武纪早期的生物身体都非常小，因为它们才刚从单细胞的简单生物演化成多细胞生物，身体还没有演化出复杂的器官。寒武纪时地球上到处都是浅海，陆地上没有生物，三叶虫、古杯海绵、珊瑚、海百合和石燕等生物都住在海里。

（绘图/余明宗）

❷奥陶纪：头足类的角石（鹦鹉螺类）十分繁盛；最早的鱼类也出现了。

从寒武纪到志留纪的古生物，主要生活在海中；到志留纪末期，地球的陆地面积才逐渐扩大。

❸志留纪：出现大型节肢动物，小型的三叶虫则减少。鱼类出现有颌鱼。

海绵在寒武纪以前就已经出现了，是多细胞动物中构造最简单、形态最原始的一类。

❶寒武纪：三叶虫遍布全球海域，其他还有外形像双壳贝的腕足动物。

海底的泥巴上有三叶虫在找东西吃，海底还有海百合。海百合是一种棘皮动物，它的茎紧抓着海底，腕和羽枝在水中摇摆抓微生物来吃，远看就像一朵百合花。礁石上住着石燕，这是一种腕足动物，会伸出腕把自己固定在石头上不被水流冲走；旁边还有长得像小酒杯的古杯海绵和珊瑚。

鹦鹉螺的切面。现生的鹦鹉螺外壳为旋卷形，中间一条是体管，鹦鹉螺借由体管控制壳内空气的多寡，使自己浮起或沉下。

直角石是最原始的头足类，外壳呈直形。古生代的直角石外壳可长达10米。

头足类的演化

从寒武纪开始出现的头足类，也就是角石，是怎么演化成现代的乌贼和章鱼呢？角石的壳在外，形状有直锥形、弯锥形、旋卷形等。由于外壳不利于活动，而且不便躲进石缝，所以有一部分的头足类外壳渐渐退化，最后就变成壳在内的乌贼和章鱼了。

头足类能分泌钙质硬壳，因此容易留下化石，再加上种类很多，演化迅速，因此头足类化石是研究古代地层的重要依据。

奥陶纪与志留纪

到了奥陶纪，海里出现最早的鱼类，称为无颌鱼。无颌鱼没有下颌，无法主动捕食。到了志留纪演化出有颌鱼，包括棘鱼类和盾皮鱼类。这时海里的头足类、珊瑚、腕足动物、双壳类等大量生长，整个海里热闹极了。

志留纪中期之后，陆地上开始出现原始的植物，这时候的各种动物都还住在海里，陆地上只有植物和极少数的节肢动物。这种植物非常原始，不会开花结果，靠孢子繁衍后代，就像现代的蕨类一样。

古生代晚期

古生代晚期，地球的气候渐渐跟古生代早期不同了，大气成分因为植物进行光合作用而使氧气越来越多，海中生物也越来越多，动物的演化在古生代晚期发生了重大的进展！

最早的裸子植物出现于石炭纪、二叠纪，这是2亿年前的化石与现生植物的对照。（图片提供/欧新社）

泥盆纪与石炭纪

泥盆纪一开始，陆地上的植物愈来愈多，也愈长愈大。昆虫也随着植物而出现，在森林里大量生长。海里的有颌鱼则演化出硬骨鱼类和软骨鱼类。

这时候海里都是鱼类，但是地球的气候变得又热又干，海水蒸发造成海平面下降，河流与湖泊的水也渐渐干涸，于是泥盆纪晚期到石炭纪时，鱼类开始往陆地发展。它们演化出肺的构造，可暂时离开水中，在陆地上呼吸空气，有一部分的肉鳍鱼则演化成两栖类。

由于陆地又热又干，两栖类的身上便长出有角质的外皮，防止体内水分蒸发。到了这时候，动物终于可以到

上图：银杏属于裸子植物，在古生代晚期就出现了。（摄影/张君豪）

基龙
❸二叠纪：原始爬虫类出现，陆地上已出现裸子植物。
二齿兽

泥盆纪、石炭纪到二叠纪的古生物。陆地上植物以蕨类为主，也有裸子植物，植物开始会结种子了。（绘图/余明宗）

陆地上生活了！这真是动物演化的重大突破。石炭纪是两栖类最繁盛的时期，两栖类在蕨类所形成的大森林里生活，而森林里还有各种昆虫，好不热闹。

❶泥盆纪：鱼类繁盛，可说是鱼类的时代。

❷石炭纪：两栖类出现，最早的有翅昆虫出现，陆地上生长着木贼和蕨类形成的森林。

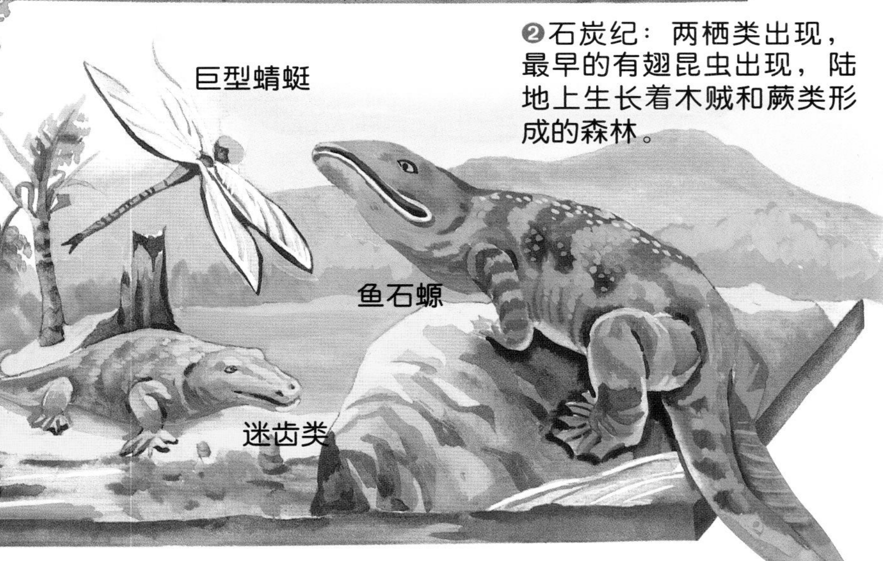

二叠纪

石炭纪晚期到二叠纪，原始的爬虫类出现了。陆地上的植物生长茂盛，森林中到处有爬虫类、昆虫。但是到了二叠纪晚期，突然间地球上95%的生物都灭绝了！这是为什么呢？科学家根据二叠纪末期的化石和岩石推测，可能是陨石撞击地球造成气候剧烈变化，或是火山剧烈的活动使地球上充满了有毒物质，生物来不及适应环境便大量死亡了。

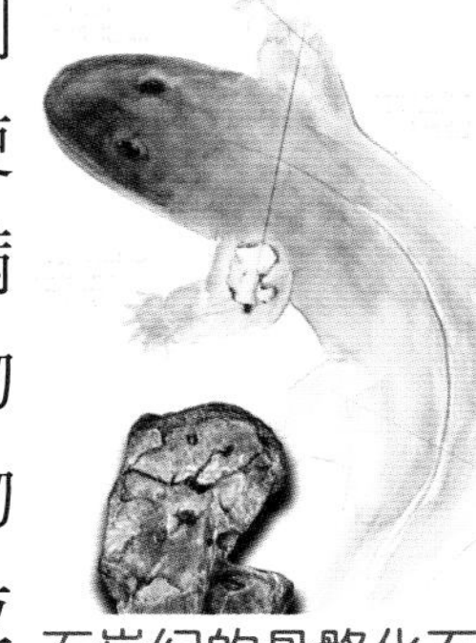

石炭纪的骨骼化石，推测是早期两栖类的前肢。（图片提供/欧新社）

三叶虫是被鱼类吃光了吗

三叶虫在古生代早期遍布全球海洋，数量非常多；到了古生代晚期，鱼类和头足类大量生长，它们是三叶虫的主要天敌，这时候三叶虫的数量也越来越少了。那么三叶虫是因为不能适应古生代晚期的气候变化而数量变少，还是因为天敌太多而数量变少呢？这个问题的答案到现在还没有人知道。

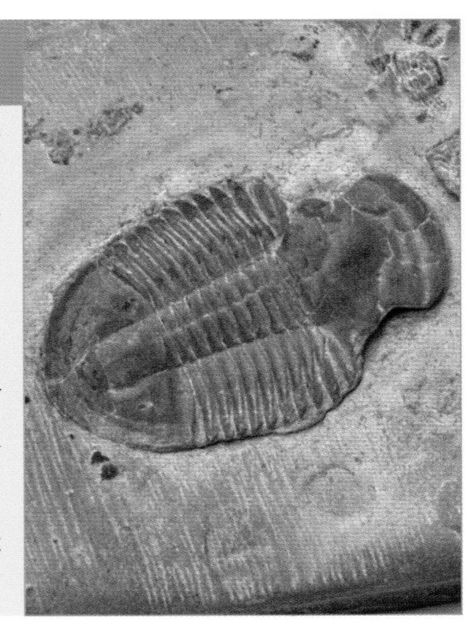

三叶虫是节肢动物的一种，全身明显分为头、胸、尾三部分，背甲坚硬，被两条纵向深沟割裂成大致相等的3片，因此而得名。

中生代

中生代是恐龙发展的重要时期，恐龙从种类少、体型小，变得种类多样、体型大小不一。随着中生代结束，恐龙也一起全部灭绝，难怪科学家们常说中生代的历史就是恐龙的历史。

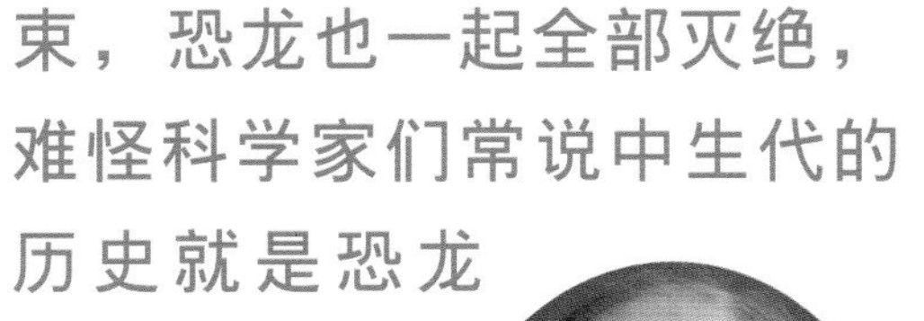

1841年订定“恐龙”之名的英国动物学家欧文。（图片提供/达志影像）

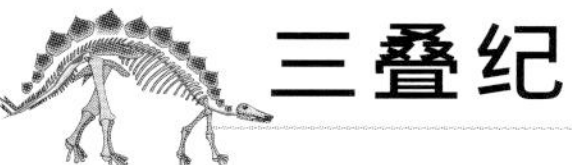 三叠纪

在二叠纪末期的大灭绝之后，残存下来的生物在三叠纪快速演化，海中的珊瑚结构从四射变成六射，菊石类取代角石类的地位，在海中演化成各种不同的样式。三叠纪的爬虫类把卵产在陆地上，这使爬虫类可以大量繁殖而数量增加；这时候，爬虫类开始演化成恐龙和最原始的哺乳类。

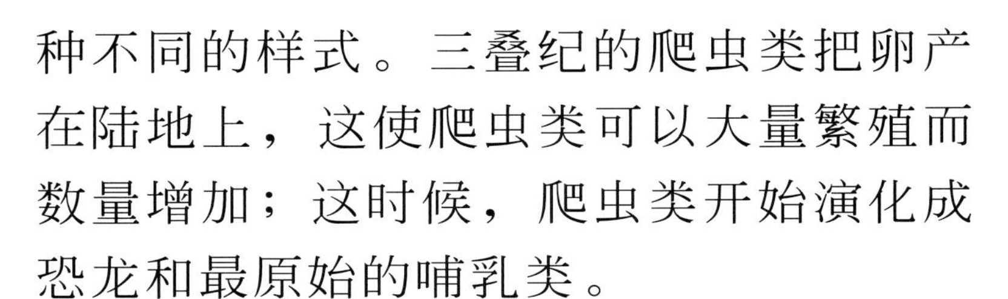

三叠纪晚期，爬虫类演化出可以在天空滑翔的翼龙，以及在水中生活的鱼龙。三叠纪晚期还出现体型最大的秀尼鱼龙，身长可长达15米！

剑龙从颈部到尾部都有突起的骨板，可能有助于吸热、散热，或防敌。（摄影/张君豪）

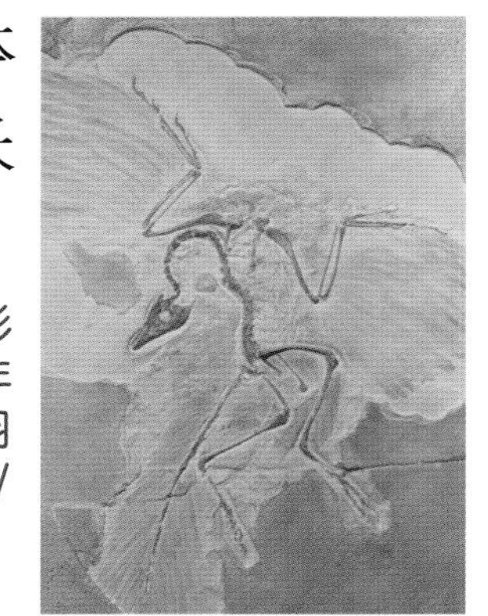

1861年，德国巴伐利亚侏罗纪晚期形成的石灰岩层中，首次出现约1.5亿年前的鸟类化石，骨骼完整，并留有羽毛痕迹，被命名为始祖鸟。（图片提供/达志影像）

侏罗纪

侏罗纪之前，植物还不会开花，到了侏罗纪，终于演化出开花植物，但是种类和数量还非常少，主要是苏铁、松、柏和蕨类等不会开花的植物。由于气候温暖，森林里到处有各种昆虫活动，例如体型很大的蟑螂和蜻蜓。

海里出现了蛇颈龙，硬骨鱼变成海中最多的鱼类。天空中除了翼龙，始祖鸟也出现了。始祖鸟是介于爬虫类和鸟类之间的生物，有一对大眼睛，鸟喙有牙齿，翅膀像鸟类一样有羽毛，可是翅膀末端又有像爬虫类一样的爪子，所以被认为是爬虫类演化成鸟类的中间型生物。

有史以来最大的陆生动物——恐龙，出现于三叠纪，但在侏罗纪开始多样化和巨大化。恐龙在侏罗纪遍布世界，天空、陆地、海洋都是它们的栖息地。恐龙依照骨盆的形状可以分成两大群：蜥盘目和鸟盘目。蜥盘目的恐龙又分两大群，一群肉食，另一群草食或杂食，它们包括最凶猛和最巨型的恐龙。鸟盘目的恐龙都是草食，所以很多都有坚硬的外皮和长刺，以保护自己不被肉食性恐龙吃掉。

中生代三叠纪到侏罗纪的古生物。（绘图/余明宗）

软骨鱼和硬骨鱼

现代的鱼类可以分成软骨鱼和硬骨鱼两类。软骨鱼没有鱼鳔，所以不能像硬骨鱼一样以控制鱼鳔来使自己上浮或下沉，如鲨鱼。

大多数的鱼属于硬骨鱼，它们在水中，嘴一张一合地让水从嘴巴流进，经过鳃盖流出。软骨鱼没有鳃盖，没办法控制水自由进出，所以只好一直不断张着嘴游泳，让水流从嘴巴流过鳃。

1938年的圣诞节前夕，腔棘鱼在非洲外海被捞起。这种起源于3.6亿年前，活跃于三叠纪淡水及海水中的食肉硬骨鱼类，至今仍存在于印度洋的深海中。它的体长约1.5米，体重约50公斤。（图片提供/欧新社）

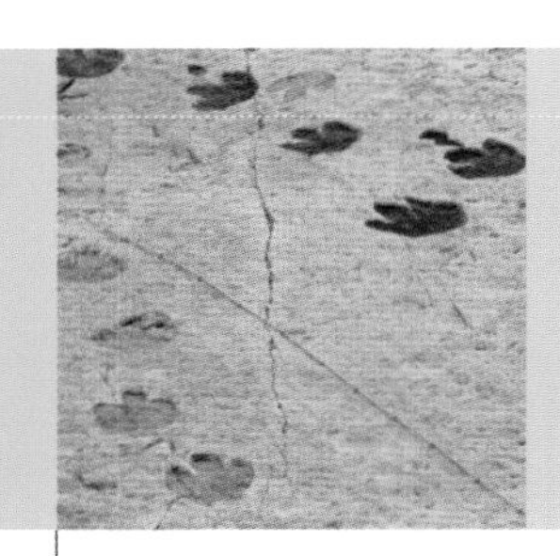

单元6

中生代白垩纪

侏罗纪结束后，便开始了温暖的白垩纪。在侏罗纪数量不多的开花植物，到了白垩纪中期开始发展出灌木的形态，在平原、河谷都可以见到。到了白垩纪晚期，开花植物取代苏铁与蕨类，成为最茂盛的陆地植物。

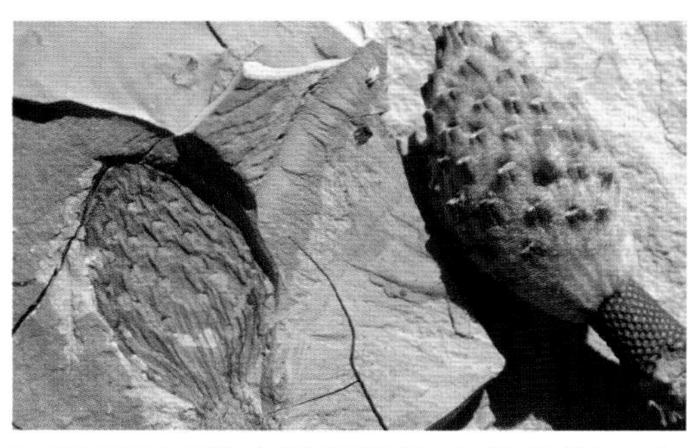

1,500万年前的开花植物木兰化石，与现生木兰对照，极为近似。（图片提供/达志影像）

白垩之海

白垩纪的海洋中有一种称为矽藻的浮游生物，在全世界的海洋大量生长繁殖。这些矽藻死亡后沉积在海底，形成今天所见到厚达几百米的白垩岩层，白垩纪便是因此而得名。

白垩纪是恐龙种类最多的时期，天空中有短尾翼龙张开宽达10米的翅膀在飞翔，海洋中的鱼龙减少，但蛇颈龙、沧龙仍在海水中捕食硬骨鱼类。在浅海还出现了脚带有蹼的海鸟，它们除了孵蛋时会到陆地上之外，其余时间都在水中生

白垩纪：恐龙达到极盛，演化出许多新的种类；陆地上开花植物生长茂盛。（绘图/余明宗）

活；这时候的海鸟还不像现代的鸟类，仍保留有爬虫类有牙齿的特征，一直到新生代才演化成没有牙齿的现代鸟类的样子。

白垩纪鸟脚类恐龙的脚印，形状像鸟类脚印，在美国科罗拉多州发现。（图片提供/达志影像）

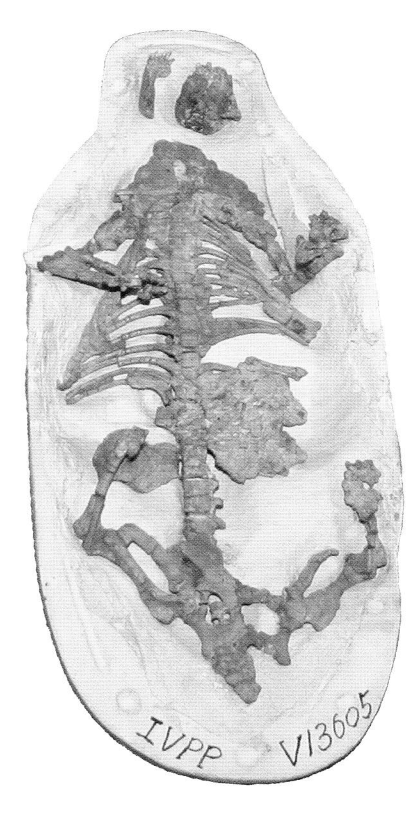

在中国发现的1.3亿年前的哺乳类化石，胃部有吃下的小恐龙。这个发现使恐龙的灭绝原因，变得似乎与哺乳类的兴起也有关。（图片提供/欧新社）

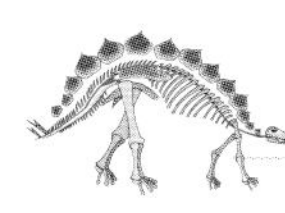

恐龙的第二次高峰

侏罗纪和白垩纪期间，演化出许多巨型恐龙。有史以来最大的肉食动物暴龙，体重可达6吨；而巨大的草食动物雷龙，体重可达30吨，腕龙更达80吨重。

如果说侏罗纪是恐龙的第一次高峰，那么白垩纪就是第二次高峰。白垩纪时，原始陆块已经分裂，各大洲的雏形出现，因而加速了恐龙的特化，演化出许多新的种类。这时草食性的恐龙演化出特殊的防护，例如甲龙身上有棘刺；三角龙的颈部有盾甲，头上有3只角，每只角有1米长。

菊石化石。菊石最早出现在4亿年前的泥盆纪，是一种在海里栖息的软体动物，因此，如果某处地层中含有菊石，便可以推断其在古代曾为海底。

恐龙的灭亡

在白垩纪末期全球气候严重改变，海里的蛇颈龙与菊石、箭石等数量越来越少，陆地上的大型恐龙也因为食物不足而开始大量死亡，最后海洋中一半以上的生物都灭绝了，所有恐龙也灭亡了！不过现代有些科学家认为，其实恐龙并没有全部灭绝，鸟类是恐龙的一个分支，在白垩纪末期逃过灾难，演化成今日的鸟类。

恐龙的世界

前面说过，恐龙可以依照骨盆的形状分成两大类：蜥盘目与鸟盘目。如果我们再把这两目依照恐龙外形细分，蜥盘目有兽脚类、蜥脚类；鸟盘目有鸟脚类、剑龙类、甲龙类、角龙类和厚头龙类。

蜥盘目和鸟盘目

蜥盘目可分为以下两类，食性大不相同。

1.兽脚类：暴龙、虚形龙、异特龙等肉食性恐龙都属于这类。它们用两脚在地上行走，动作灵活，可以轻松捕食其他恐龙。前脚很小且带有很尖锐的爪子，用来支撑身体和行动的后脚则很大。

2.蜥脚类：有槽齿龙、板龙、雷龙等，通常头小脖子长，巨大的身体带有一条长尾巴，主要以植物为生，个性温和，成群活动，是地球上出现过的最大的陆地动物。

草食性加斯莫龙（左）抵抗肉食性暴龙的攻击。加斯莫龙头部的角板坚硬但轻，能快速挥动当作抵御的武器。（图片提供/达志影像）

鸟盘目可简单分成5大类。

1.甲龙类：以4只脚行走的草食性恐龙，身上长有厚厚的骨质瘤状保护

草食恐龙的胃石

当草食恐龙把食物全部吞到肚子里慢慢消化时，也会故意吞进一些石头，然后利用胃里的石头和食物互相搅拌研磨，以便将食物磨碎加速吸收。这种石头我们称为胃石，只存在草食性恐龙的胃里，所以是判断草食性恐龙的重要指标！

梁龙是草食性动物，从化石里发现在它的胃部消化器官中有一些石头，推测是帮助消化的胃石。（图片提供/达志影像）

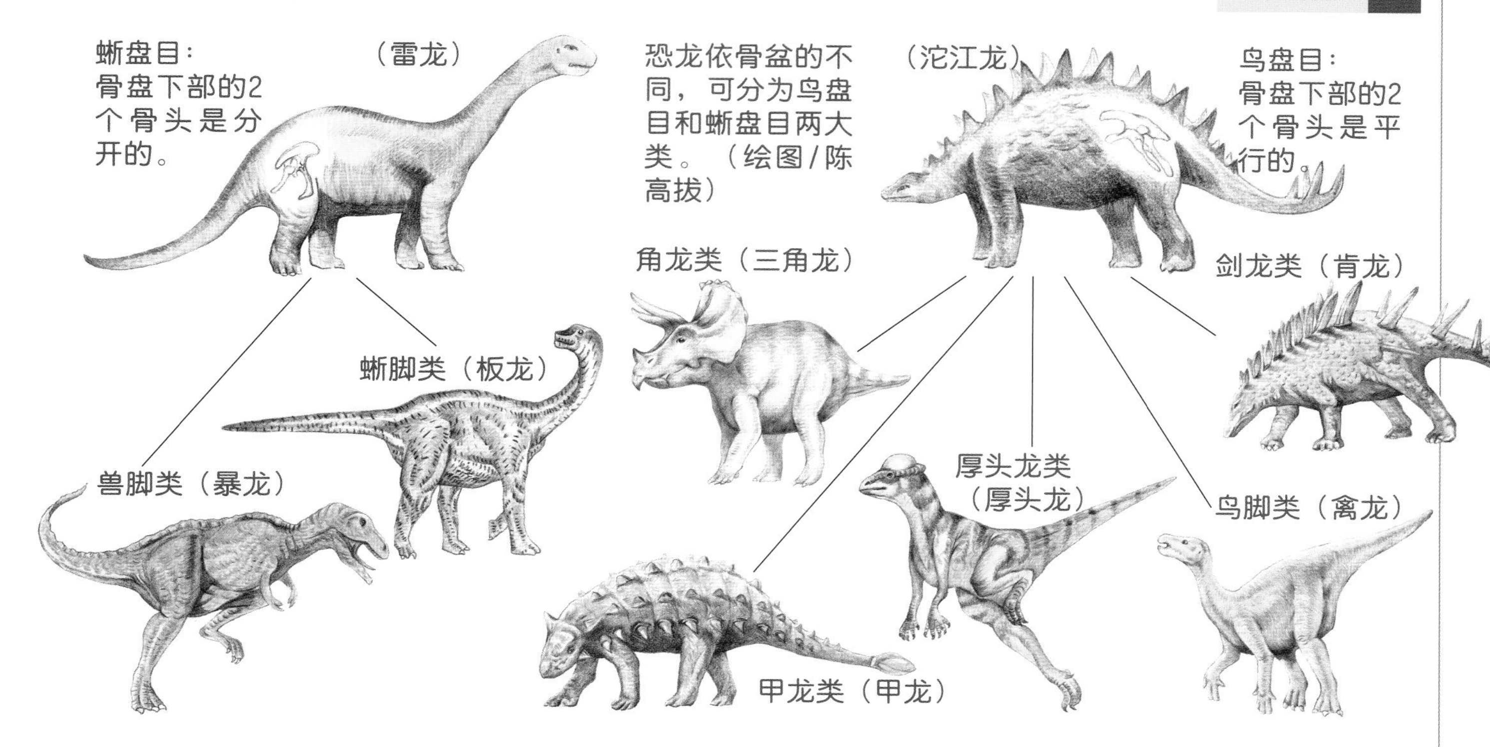

物和坚硬的外皮，天敌很少，所以遍布各地。

2.鸟脚类：只用2只脚行走，脚的结构跟鸟类很相似，有禽龙及鸭嘴龙等。

3.剑龙类：这类恐龙是4只脚行走的草食动物，前脚比后脚短，行动缓慢。它们身上演化出各种甲板，以保护自己。

4.角龙类：从鸟脚类恐龙演化而来，头上有防御敌人的长角，为草食性，主要有原角龙、三角龙。

5.厚头龙类：头顶像盾牌一样肿起，使头部显得很大，有些还具有刺或瘤的构造，以防御肉食性恐龙，主要有厚头龙。

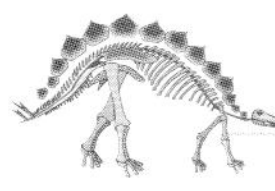

恐龙进食方式

在中生代，草食性的恐龙是吃蕨类和苏铁类植物，到了白垩纪末期，由于开花植物等生长茂盛，所以草食恐龙的食物更多了。但是它们没有可磨碎食物的臼齿，只用简单的圆锥形牙齿切断植物后吞入。

肉食性恐龙大多以吃其他恐龙为生，牙齿呈尖利的锯齿状，可以轻松地撕下肉来。它们也没有咀嚼食物的牙齿，所以可能也跟草食性恐龙一样，把食物囫囵吞下去再慢慢消化。

单元8

新生代第三纪

新生代分成第三纪和第四纪，第三纪现被分为古近纪（古新世、始新世、渐新世）和新近纪（中新世与上新世）。

约在中新世晚期距今约800—900万年时，熊猫的祖先—始熊猫开始在地球上出现。到更新世早期，开始出现大熊猫；更新世中晚期，熊猫发展进入全盛期。（图片提供/欧新社）

哺乳类大爆发

在白垩纪后期，哺乳类开始分化，除单孔类和有袋类以外，胎盘类也分化出几个重要的支系，包括贫齿类、啮齿类、食虫类、灵长类、食肉类和有蹄类。它们在新生代初期演化出各种原始哺乳动物，科学家认为这是“哺乳类的大爆发”，意思是哺乳类突然地繁盛起来。

有蹄类在古新世早期出现，一般认为这是现代的马、羊、牛、猪等有蹄动物的祖先。到了始新世，动物的演化转向身体变大的趋势，这时候陆地上的哺乳动物体型还不算大，大部分都像现代的狗一样大，但是鸟类中已经出现非常大的种类了，例如营穴鸟可以长到3

巨犀

新生代第三纪的古生物。（绘图/余明宗）

❸上新世：树林面积缩小，一些猿类来到草原，发展出用两脚直立走路。
古棱齿象
剑齿虎
南猿

巴基斯坦出土，距今4,700万年的游走鲸化石。走鲸在新生代第三纪时进入海中，成为鲸鱼的祖先。（图片提供/欧新社）

米高，比现代的鸟类大得多。

到了渐新世，鲸鱼的祖先开始分化出须鲸和齿鲸两大类，须鲸没有牙齿而有鲸须板，所以只能靠滤食海中的小生物为生，演化成现生的蓝鲸等；而齿鲸有牙齿，可以捕食海中的鱼类，现生的海豚就属于齿鲸。

❶始新世：哺乳类向身体变大的方向演化，但都还不大。

❷渐新世和中新世：出现了重脚兽、巨犀等巨型动物。

人类的祖先出现了

进入中新世时，地球上陆地的分布已经和现代一样，亚洲、美洲、非洲都被海洋分开，生物各自在不同的陆块上演化。到了上新世，非洲有些猿类为了能看到较远的地方，开始用两腿直立行走，并且空出双手来拿食物和工具，这种直立行走的猿类，就是人类的祖先。

新生代的裸子植物

现生的许多裸子植物，都是在新生代第三纪出现的，例如松柏、苏铁等。裸子植物的特征是没有果皮，所以也不会形成果实，它们的种子直接裸露在外，却可以历经第三纪到第四纪时气候的剧烈改变，一直生长到今日。这说明了它们很能适应环境，能够在严苛的环境中生存。

苏铁为常绿小乔木或灌木，又称铁树，属于裸子植物苏铁目，出现在古生代的二叠纪，在中生代的侏罗纪达到巅峰。但现生的苏铁则是来自于新生代的第三纪，经历第四纪冰河时期的考验，保留下来繁衍至今。（摄影/张君豪）

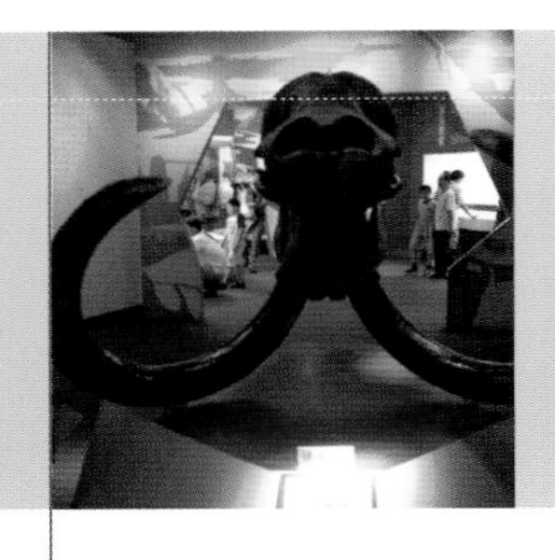

新生代第四纪

第四纪包括更新世与全新世。从新生代第三纪进入第四纪时，很多生物大规模灭绝，包括比较原始的鲸类和有蹄类等。科学家认为，这是因为从第三纪末进入第四纪初的时候，全球气候突然改变，海洋的洋流和季风都变强了，温度也突然变低，生长在上新世的生物无法适应环境的改变而大量灭亡。科学家就把这个生物大量灭亡的时候，当作新生代的界线，之前称第三纪，之后则是第四纪。

奥地利捕捉到的巴伐利亚松鼠，它们的物种从上一次地球冰河时期（约1.8万年前）存活至今，现已列为濒临绝种动物。（图片提供/欧新社）

第四纪的沙漠

新生代第三纪到第四纪时因为环境剧烈改变，季风、洋流都越来越强，所以风成沉积物明显变多，这些风成沉积物形成了中国的黄土高原，以及著名的撒哈拉沙漠、中亚沙漠、塔克拉玛干沙漠、阿拉善沙漠、澳大利亚中部沙漠。在第三纪之前，地球上从来没出现过这么多的沙漠！

中国黄土高原主要分布于山西、陕西、内蒙古、河南、甘肃、青海和宁夏等省境内，总面积超过60万平方千米。图为甘肃黄土高原一景，图中的城墙为万里长城的一部分。

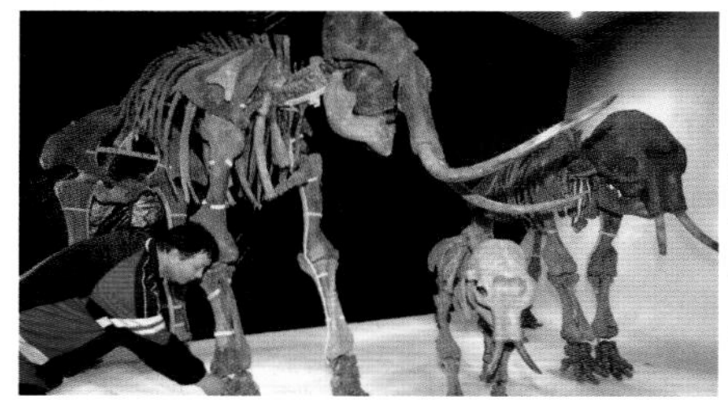

德国象牙博物馆展出的俄罗斯猛犸象化石。发现这些猛犸象时，同处也挖掘到尼安德特人的骨骼和工具。（图片提供/欧新社）

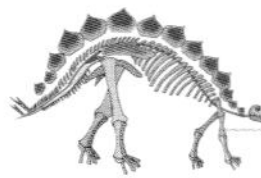

猛犸象出现

第四纪开始时，全球温度较低，演化出猛犸象。猛犸象的体型巨大，可以长到4米高，象牙又长又弯。在寒冷的更新世初期，猛犸象演化出厚厚的毛皮，让它们能在冰天雪地里不怕寒冷。但是到了更新世结束时，气候又开始渐渐变暖和，适应了寒冷气候的猛犸象，由于身体有厚厚的毛，体型又大，在温暖的气候下很难排热，因此不能适应环境的突然改变而灭绝了。

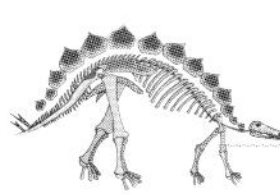

寻找人类的踪迹

在更新世，世界各地都发现人类的踪迹。这些早期的人类会直立行走、采集食物，并渐渐学习畜牧和使用工具来打猎。到了1万年前的全新世，人类已经懂得使用较精细的工具。科学家把生活在更新世使用较粗劣工具的时期，称为旧石器时代；而会使用较精细工具的全新世，就称为新石器时代。

在更新世末期到全新世初期间，气候开始变暖，南极和北极的冰山随着温暖气候不断融化，全球的海平面升高，这1万年以来，就升高超过100米。

❶更新世：全球温度较低，出现猛犸象等动物，尼安德塔人也出现了。
尼安德塔人
猛犸象
❷全新世：90%以上的生物和现今相同，这时气候开始变暖，人类进入新石器时代。
大角羊
渡渡鸟
现代马

新生代第四纪的古生物。（绘图/余明宗）

在澳大利亚瓦勒迈国家公园发现的人类遗迹，估计有4,000年的历史。从这些人类壁画中，可以认识当时的环境，以及人类生活的状况。（图片提供/欧新社）

古生物和化石

古代生物的遗体、遗迹或一切与生物活动有关的东西，保存在岩层中超过1万年以上，就可以称为化石。

恐龙蛋化石是属于实体化石。

化石的形成

化石是如何形成的呢？在生物死亡以后，生物的遗体或造成的痕迹遭到掩埋，经过很长时间的化学作用，遗体或痕迹被地下的矿物或各种物质充填或置换，把遗体或痕迹保存的部分慢慢地变成岩石一样，最后就变成坚硬的化石，这种过程叫作石化作用。

化石有哪些

依照化石形成的方式，我们可以将化石分为以下3种。

1.实体化石：由生物身体组织经过石化作用变成的化石，例如恐龙蛋化石、珊瑚化石、树叶化石、昆虫化石等。

德国恐龙公园的恐龙脚印。这些脚印原本出现于矿场地表，后来改建为室内展览馆，不仅标示恐龙脚印，也展示恐龙化石，增添整体的可看性与教育意义。（摄影/任家弘）

2.铸模化石：生物身体的组织腐烂后形成空洞，这些空洞被地下水或海水等带来的物质充填，经过很长时间，充填物堆积形成铸模化石。铸模化石虽然没有生物本体的组织，但可显示其形状或构造，所以也是一种化石。

常见的铸模化石有贝壳铸模化石、螃蟹铸模化石，这是因为动物的壳在石化作用后可能消失，留下充填在壳里面的铸模。依迪卡拉生物群留下来的化石也是一种铸模化石，因为依迪卡拉生物群身体没有坚硬的组织，所以在死亡后身体全部腐烂，只在地底留下被物质充填形成的铸模化石。

3.生痕化石：生物活动时在地表留下的痕迹，经过掩埋，形状被保存下来。这些痕迹虽然不是生物本体，但由于是生物活动的纪录，跟生物有关，所以也是化石的一种，例如恐龙脚印化石、生物挖的洞穴化石等。

古生代的螺类铸模化石，螺的外壳已经溶解消失，只剩壳内填充物质。

动手做铸模

我们可以利用餐桌上常常出现的蛤蜊来做生物铸模哦！准备材料有：蛤蜊壳1对、石膏粉（文具店就有卖）、色拉油2滴（或任何油类）、1双免洗筷。

1.把吃剩的蛤蜊壳洗干净，选两片壳连在一起的，洗干净后在壳内擦点油。

2.把石膏粉加一点水调成像面糊那样稠稠的石膏糊，然后用免洗筷搅拌均匀。

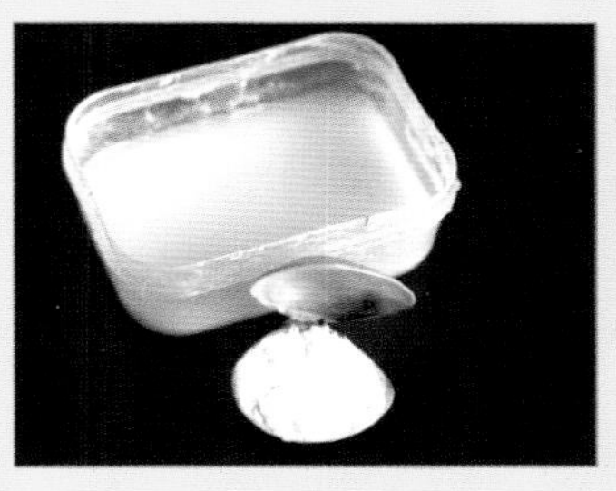

3.两片壳摊开凹处朝上，把搅拌好的石膏糊分别倒满两片壳，尽量满一点。

4.倒满后把两片壳快速地合起来，用力捏紧，捏1分钟后静置，10分钟后再打开蛤蜊壳，里面的石膏就变成蛤蜊铸模啦！

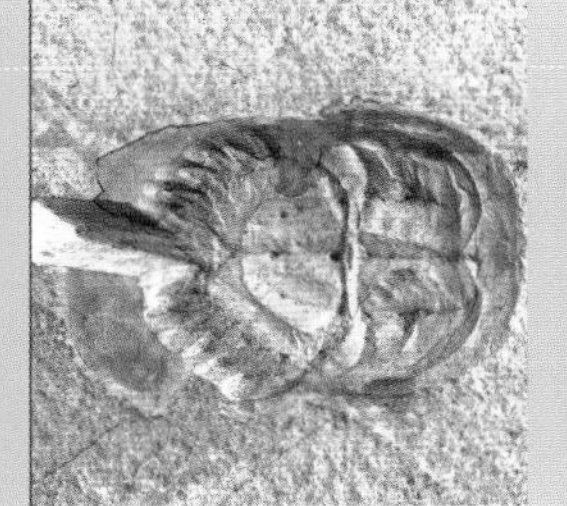

单元11

生痕化石

我们已经知道生痕化石是古代生物遗留的痕迹，在研究古代的环境时，生痕化石常常比生物实体化石还更有用，这是为什么呢？

出现在各种环境里的生痕化石。（绘图/吴仪宽）

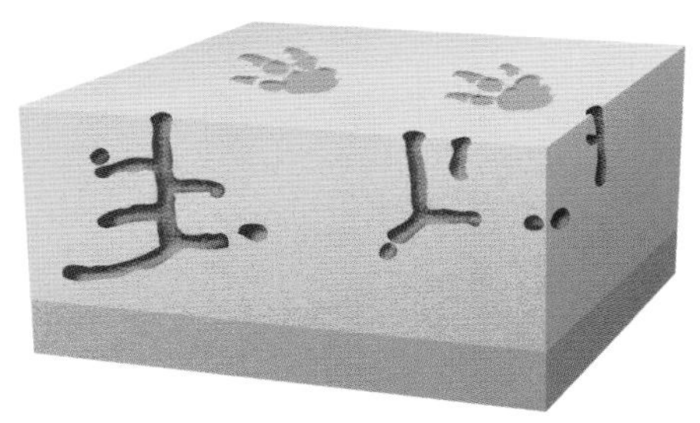

陆地环境的生痕化石：如恐龙的足印，昆虫在土壤中的窝巢等。

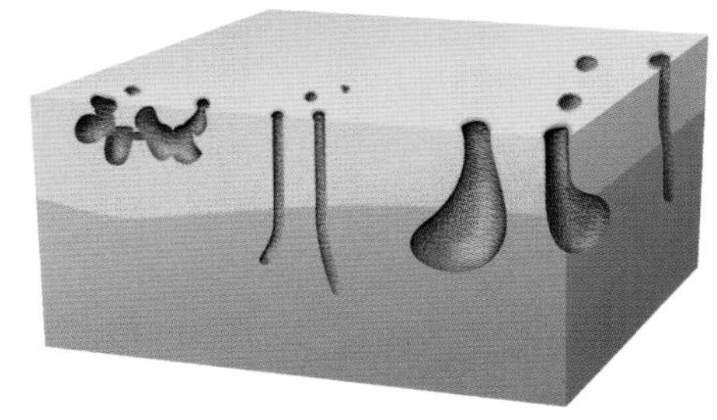

潮间带礁岸的生痕化石：如生物栖息的各种洞穴。

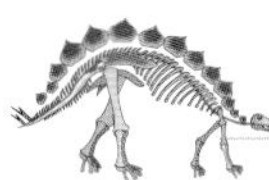

痕迹比实体多

一只恐龙只能留下一副恐龙骨骼化石，但是却可以留下成千上万个恐龙脚印。所以，找生痕化石比找实体化石容易多了。科学家利用生痕化石来研究形成生痕化石的生物种类，也借由生物种类推测古代的环境。

英国古生物教授正在清除恐龙脚印上的泥土，可能是腕龙的脚印。(图片提供/欧新社)

由滨海到浅海的生痕化石：生物栖息或觅食的洞穴（呈现管状或U型），以及活动痕迹。

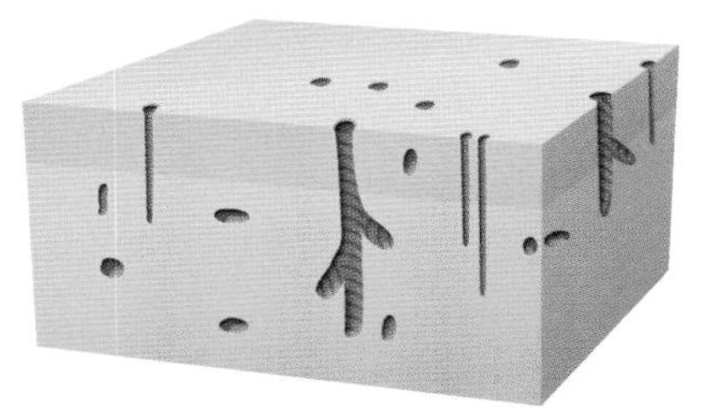

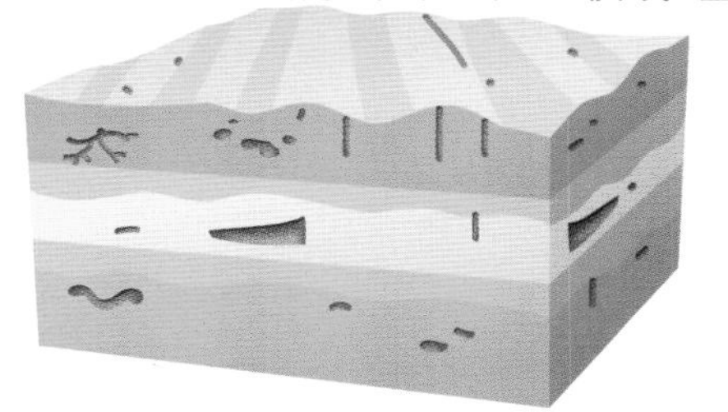

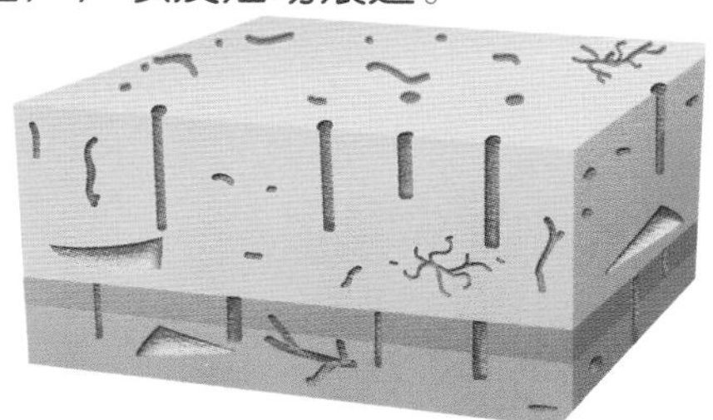

中等深度海洋的生痕化石：以生物觅食痕迹为主，很少发现生物栖息的洞穴。

利用生痕化石研究古代环境

生痕化石通常是生物居住所挖的洞、觅食留下的痕迹，或是生物行进时留下的脚印。科学家或许不知道某些洞穴、脚印是哪种生物留下来的，但是他们利用现代生物活动留下的痕迹，和生物居住环境的关系，可以把生痕化石分成8种环境，与野外看到的生痕化石对照起来，就可以知道这种生痕化石出现的地方，是属于哪一种古代环境。经过研究，我们便能知道地球环境是怎样演变来的。

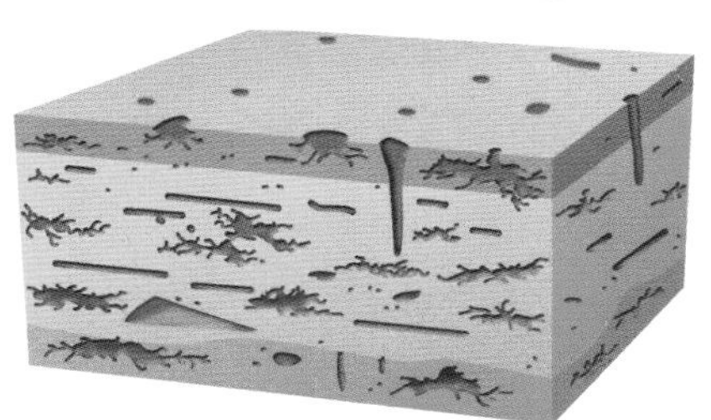

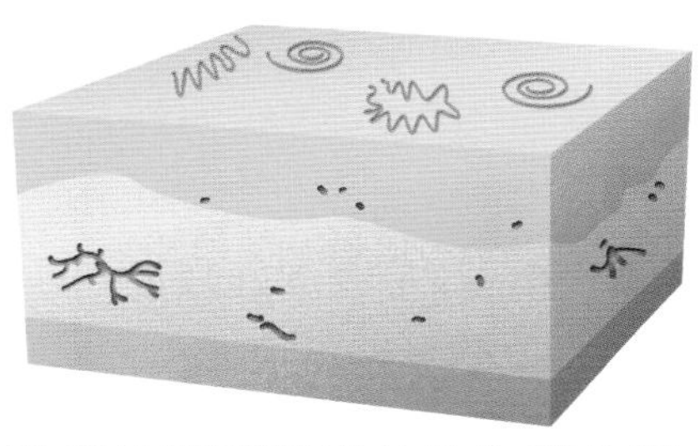

大陆斜坡至深海洋盆的生痕化石：生物觅食痕迹。

粪便化石

生物本体所留下来的化石称为实体化石，生痕化石则是动物生活时留下的痕迹，那么粪便化石属于哪种化石呢？

由于粪便化石不是生物的本体构造，而是生物活着时候留下的，所以也是生痕化石的一种。粪便化石除了可以让我们推测生物的大小，还可以推测生物喜欢吃的食物种类。

动物粪便化石。

这个生痕化石记录一种软体动物在地表留下的活动痕迹。

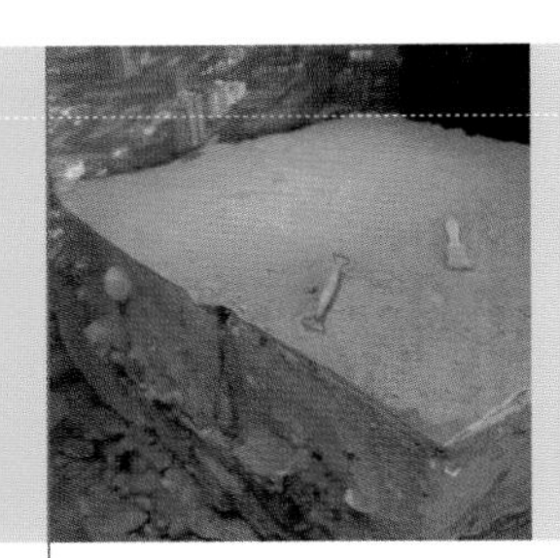

单元12

化石的挖掘和保存

化石可以用来研究古代地球的历史，还可以告诉我们很多古代环境的资讯，那么，到野外找化石的时候，哪里才容易找到化石呢？

在希腊一处的洞穴中，考古学家挖掘到4.6万年前旧石器时代的人类足迹。（图片提供/欧新社）

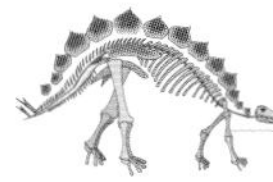

挖掘化石

首先，化石是古代生物的遗骸或遗迹，在古代有很多生物的地方，自然就比较容易有较多化石，因此在古代是滨海的潮间带、湖泊或泻湖所形成的地层等处，比较容易找到。

科学家发现恐龙化石后，运用各种考古学工具，小心地挖掘化石。（图片提供/达志影像）

化石旁边的岩石或泥土称为围岩，我们可以先判断围岩是坚硬还是松软。如果围岩很坚硬，我们可以利用锥子、凿子或地质槌把化石旁5—6厘米外的围岩挖掉，再将整块包含化石与围岩的岩石敲下来。如果围岩很松软，那么我们可以用软刷子或手把围岩轻轻拨除，让化石自己掉出来。

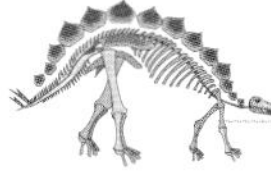

保存化石

取出化石后，要好好保存，才不会让辛苦挖掘出来的化石受到损伤。保存的方法如下面步骤：

1.拿出笔记本记录采集者姓名、

时间和地点、围岩的特征。这样以后才不会忘记化石的产地，如果要再来采集也可以找到原来的地点。

2.判断化石是否坚硬。如果化石不容易损坏，可以用清水或刷子、电钻先把化石旁的围岩清除，再将泥沙、岩屑等清理干净。如果化石很脆弱，就不可以把围岩清除掉，而要留下围岩以保护化石。把化石和围岩一起放到大小适中的盒子里，用报纸把空隙塞满，以免化石标本因滚动而破裂；或是把围岩边缘涂上石膏，让围岩不会变形。

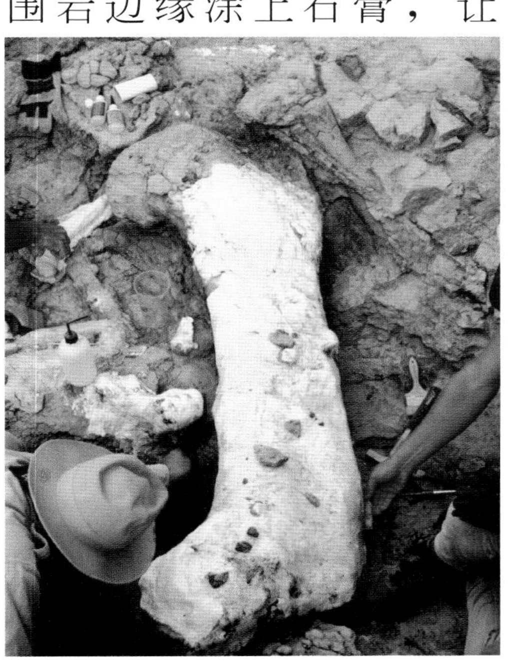

3.把标签和化石标本一起收藏在干燥而阴凉的地方。

复制你的化石

你会做贝壳铸模了吗？来挑战更难一点的，复制你采集来的化石！如果没有化石，也可以用贝壳、小玩具来练习哦！准备材料：1个坚硬的物品、石膏糊（参考单元10步骤2）、色拉油、免洗筷、免洗碗。

1.石膏糊倒入免洗碗一半高度，把物品表面涂上油。
2.把物品压入石膏糊，让物品一半在石膏糊中，一半在石膏糊外面。

3.等石膏糊硬了之后，在石膏糊和物品表面再涂一次油，倒入新的石膏糊。
4.20分钟后，轻敲变硬的石膏，石膏块会沿涂油的面裂开，把物品拿出后，就得到物品模子了！之后只要按照做贝壳铸模的步骤，便可利用物品模子复制很多相同形状的物品了！

将恐龙化石挖掘出来后，以石膏覆盖保护并用麻布包起来，才可以搬运到别处。（图片提供/达志影像）

单元13

古生物的灭绝

从地球生物大量出现的寒武纪至今，生物至少经过了11次规模较大的灭绝事件。这些灭绝事件有大有小，有些是一个种类的动物全部消失，例如长毛象的灭绝；有些是整个地球的生物大规模灭亡，例如二叠纪末期海洋中95%以上的生物都灭亡了，其中最著名的是在中生代活跃了2亿年的恐龙，在白垩纪末期全部灭绝。

科学家推测，6,500万年前一颗直径10—20千米的小行星撞击地球，可能是造成恐龙灭亡的原因。（图片提供/达志影像）

令人不解的生物大灭绝

这些生物灭亡事件都不是在一瞬间发生的，而是在几万年或几十万年之间，生物渐渐消失。但是在同一段时间内，所有生物都慢慢地绝迹，却是一件非常奇怪的事情，不论是海洋或陆地，一定是发生了非常重大的事件，才会使整个地球的生物都不能适应环境而大量灭亡。

美国亚利桑那州一处陨石坑，是5万年前一次小行星撞击地球所留下的证据。这个陨石坑深200米，直径800米，可以想见撞击时的威力。（图片提供/达志影像）

陨石撞击与火山活动

科学家们利用各种方法研究地球的历史，想要找出是什么原因造成地球生物大量灭亡。他们认为最可能的原因有两个：

1.陨石撞击：1980年，科学家发现中生代地层与新生代地层的交界处，含有高浓度的化学元素铱，这些高浓度铱很巧合地出现在生物大量灭绝时。地球上的铱非常少，通常来源是陨石。因此，科学家认为，可能是陨石撞击地球，撞击产生的高温、高热和大量灰尘遍布整个地球，阳光被灰尘遮盖而照不到地球表面，所以地球表面的温度下降，又因缺少阳光，动物和植物都无法适应而数量越来越少，最后就发生大灭绝了。

白垩纪末期时，陨石撞击地球造成的大凹洞，就在今日的墨西哥湾附近海底，能撞出直径100千米这么大凹洞的陨石，一定非常巨大，才会使整个地球环境都改变了。

2.火山活动：科学家发现每当全球火山活动剧烈时，生物通常也会发生大规模的灭绝。他们认为，火山喷发使大气中充满火山灰尘，天空开始下酸雨，空气中也充满火山喷发的有毒气体，生物不能适应这种有毒的环境，就大量死亡了。

欧洲最大的活火山——意大利埃特纳火山，自有记录以来，已爆发过136次：1669年的爆发曾造成2万人死亡。（图片提供/欧新社）

可怕的火山爆发

公元前79年，意大利庞贝古城附近的维苏威火山爆发，喷出高温的熔岩和灰烬造成当地2万多人死亡。除了火山爆发时的灾难，火山熔岩流经的地方也造成巨大的经济损失，连人类都不能逃过火山造成的灾难，难怪火山爆发可能会造成生物灭绝。

意大利庞贝古城附近的维苏威火山爆发后，大量高热的灰烬和熔岩，将全城2.5万人口活埋。这场灾难中，由于人体腐化消失成空洞，考古学家将石膏灌入空洞中，得到一具具罹难躯体的相貌。（图片提供/达志影像）

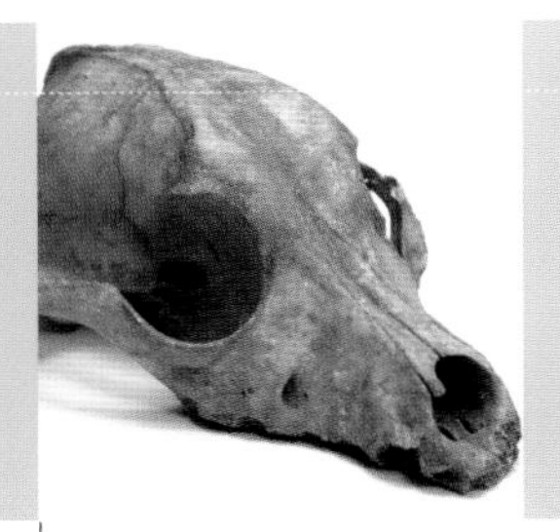

古生物的其他秘密

借由古生物的化石和生痕化石，我们可以知道生物是怎么演化来的，也可以推测古生物的生活环境。除了这些，研究古生物的化石和生痕化石还可以告诉我们什么呢？

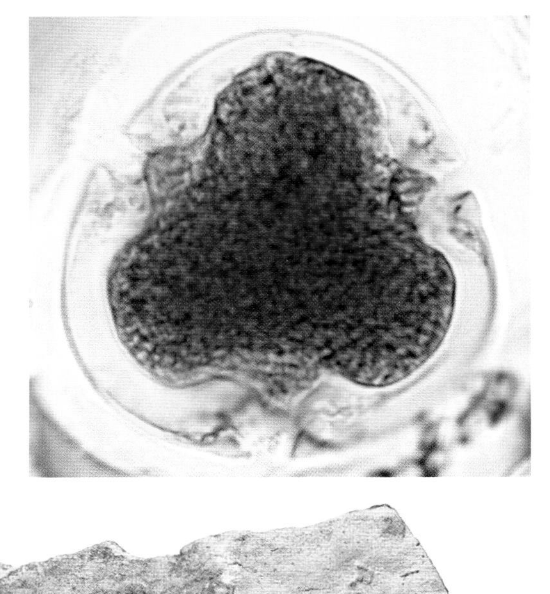

保存在5,000多万年前琥珀里的花粉，忠实地将当时的环境记录下来，成为古生物学家研究的好材料。（图片提供/欧新社）

古代的水流方向

在古代曾经是河流的地方，现在可能已经变成陆地了，我们看不到河水的踪迹，也无从知道河水流动的方向。这时我们可以利用长条形状的化石（例如象牙贝、笔石、塔螺等）的排列方向，推测古代水流的方向。

右图：古生代奥陶纪的笔石。笔石因为留下的化石像是铅笔画在岩石上面，因此而得名。活笔石是中空管状，漂浮在水中，死后受到沉积物挤压才变扁。科学家可以利用长条状的笔石化石的排列情形，来推测古代水流的方向。

上图：牛津大学的地质学教授家威廉·巴克兰（1784—1856），是运用化石推测当时生物栖息地和气候的第一位学者。（图片提供/达志影像）

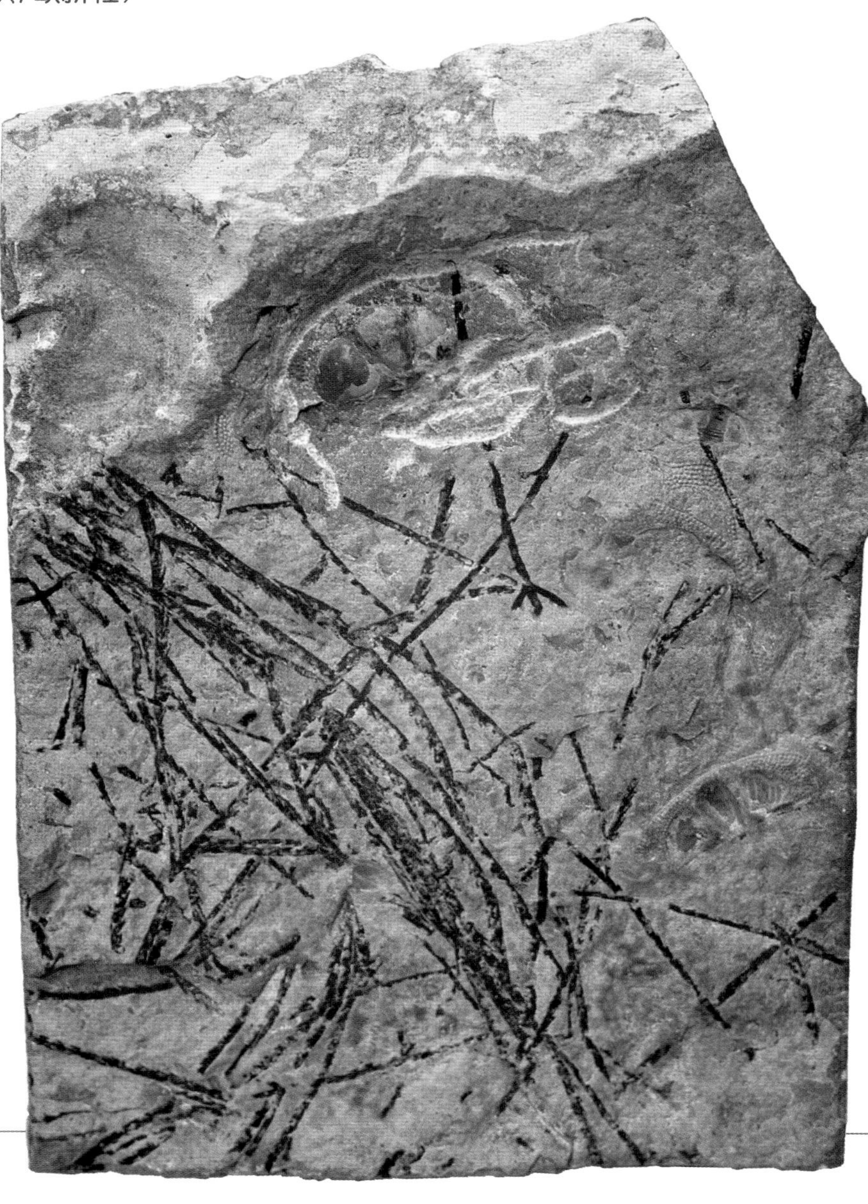

为什么长条形状的化石能指出古代水流的方向呢？因为当化石沉积在河底的时候，水流会将化石带着走，一直到化石慢慢地沉到水底。这时，因水流阻力的关系，长条形状的化石会顺着水流来排列。因此，我们便能知道古代水流的方向了。

在裸子植物中，松柏的种类最多、分布最广，是温带针叶林的主要树种。松柏最早发源于古生代晚期，发展到今日留下完整的化石纪录。

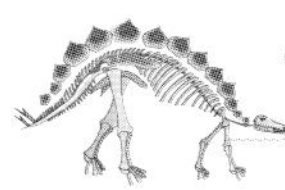

古代的天气

我们生活在现代，夏天的天气又热又闷又湿，到了冬天会变冷，可是古代的天气也是这样吗？我们可以利用花粉的化石来研究古代气候。

天气又热又湿的时候，睡莲、禾本科（例如稻子）的植物大量生长，所以这时候的地层中有很多适合湿热的植物花粉；当气候变干燥的时候，这些喜欢湿热的植物就被菊科植物取代，所以这时堆积的地层中就变成有很多菊科的花粉了。

那么下雪的地方呢？因为下雪的地方适合松树、柏树这类耐寒的植物生长，所以高山湖泊中沉积的地层，常常都含有很多松树、柏树的花粉。因此，根据地层中含有的花粉种类，我们就可以知道当时的气候是湿热、干冷还是下雪啦！

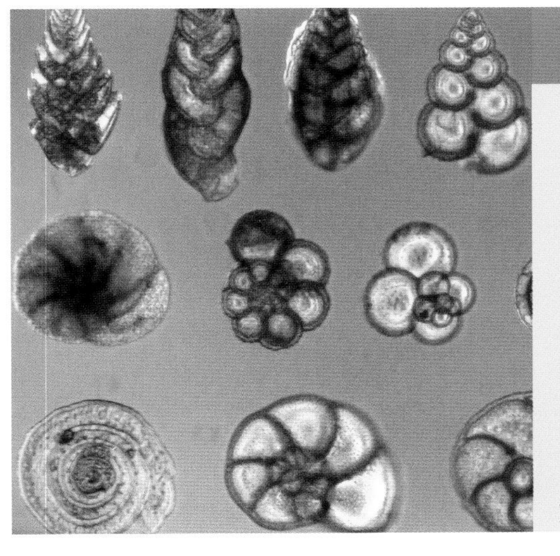

跟着洋流的小化石

海洋中有很多带壳的单细胞浮游生物，一生都在洋流中度过。这些单细胞生物死亡后，壳体就慢慢地从洋流中沉淀到海底，科学家从这些沉积在海底的单细胞生物，就可以知道洋流在古代曾经流过哪些地方。在这些可以判断洋流的单细胞生物中，最有名的就是有孔虫。

显微镜下的有孔虫。有孔虫在5亿多年前的古生代早期，就生活在海洋中，至今种类繁多。（图片提供/达志影像）

英语关键词

古生物学 Paleontology

演化 Evolution

蓝绿藻 Cyanophyceae

矽藻 Diatom

有孔虫 Foraminifera

三叶虫 Trilobite

海百合 Crinoid

菊石 Ammonite

鹦鹉螺 Nautilus

石燕 Spirifer

珊瑚 Coral

无颌鱼类 Agnatha

有颌鱼类 Gnatha

始祖鸟 Archaeopteryx

恐鸟 Dinornis

剑齿象 Stegodon

猛犸象 Mammoth

长毛象 Woolly Mammoth

须鲸类 Rorqual

齿鲸类 Odontoceti

依迪卡拉生物群 Ediacaran Biota

恐龙 Dinosaur

骨盘 Pelvis

鸟盘目 Ornithischia

蜥盘目 Saurischia

蛇颈龙 Pleisiosaurus

翼手龙 Pterodactylus

暴龙 Tyrannosaurus

雷龙 Brontosaurus

甲龙 Ankylosaurus

剑龙 Stegosaurus

角龙 Ceratasaurus

地质年代 Geologic Time

地球历史 Earth History

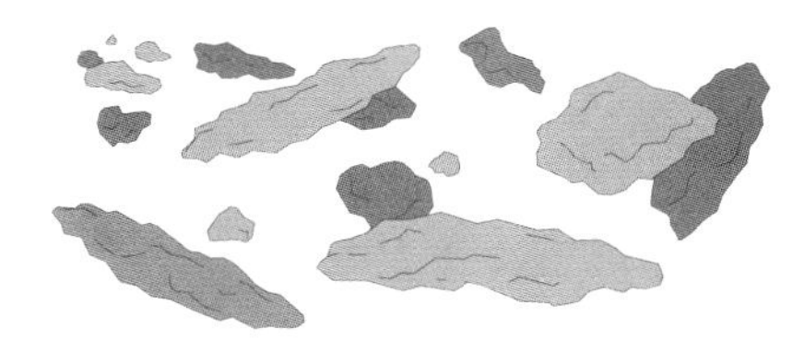

新生代 Cenozoic
第四纪 Quaternary
全新世 Holocene
更新世 Pleistocene
第三纪 Tertiary
上新世 Pliocene
中新世 Miocene
渐新世 Oligocene
始新世 Eocene
古新世 Paleocene
中生代 Mesozoic
白垩纪 Cretaceous
侏罗纪 Jurassic
三叠纪 Triassic
古生代 Paleozoic
二叠纪 Permian
石炭纪 Carboniferous

泥盆纪 Devonian
志留纪 Silurian
奥陶纪 Ordovician
寒武纪 Cambrian

宙 EON
代 ERA
纪 PERIOD
世 EPOCH

化石 Fossil
活化石 Living Fossil
生痕化石 Trace Fossil
沉积环境 Depositional Environment
地层 Stratum

大灭绝 Mass Extinction
气候变化 Climate Change
陨石 Meteorite
火山 Volcano

新视野学习单

1 下列哪些叙述是对的?

1.古代地球的天气和现在差不多。
2.地球上第一个生命出现在海里。
3.在生物历史上，第一个单细胞生物很快就演化成多细胞生物了。
4.地质年代是根据古生物的种类来区分。
5.研究古生物主要是根据化石。

(答案在06—09页)

2 连连看，下列各时期分别属于哪个地质年代?

二叠纪·
三叠纪· ·古生代
白垩纪·
第三纪· ·中生代
寒武纪·
侏罗纪· ·新生代
泥盆纪·

(答案在09页)

3 关于古生代，哪些叙述是正确的?

1.古生代早期的动物生活在海中。
2.古生代早期，三叶虫和角石（鹦鹉螺类）非常繁盛。
3.古生代早期陆地上的植物很繁盛。
4.古生代晚期动物已开始登上陆地，发展出两栖动物。
5.鱼类从无颌鱼发展到有颌鱼，以及再演化出硬骨鱼类和软骨鱼类等。

(答案在10—13页)

4 关于中生代，哪些叙述是正确的?

1.爬虫类开始出现。
2.恐龙是最活跃的动物。
3.恐龙只出现在侏罗纪。
4.出现最原始的哺乳类。
5.侏罗纪开始出现开花植物。

(答案在14—17页)

5 恐龙有什么特性呢?请将下列答案填入空格之内。

1.恐龙依照________可以分成鸟盘目和蜥盘目。
2.________不同的恐龙牙齿不同。
3.利用________可以判断恐龙的食性。
4.身体又重又粗壮的恐龙，常借由____________来保护自己。

食性（草食或肉食）·骨盆形状
甲板·胃石

(答案在16—19页)

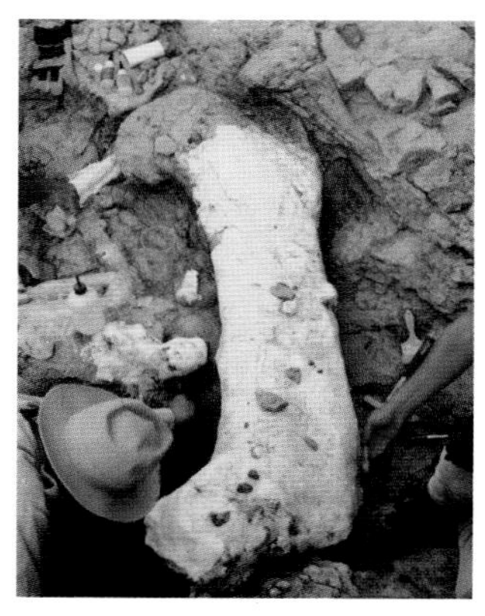

6 如果是肉食性恐龙，身上会有什么特征?

1.头上长又尖又大的角。
2.前脚很小，利用后脚奔跑。
3.背上有一排甲板，皮肤又厚又硬。
4.牙齿像锯齿状，没有咀嚼用的牙齿。
5.身体庞大，有一条大尾巴，用四只脚行走。

（答案在18—19页）

7 关于新生代，哪些叙述是正确的?

1.哺乳类非常繁盛。
2.出现马、牛、羊等有蹄类的祖先。
3.鲸鱼的祖先分化为须鲸和齿鲸。
4.从第三纪到第四纪时，气温降低，许多生物灭亡。
5.全新世的生物有90%以上和现代生物相同。

（答案在20—23页）

8 下面的化石属于哪一种化石?请将有关的连起来。

动物粪便化石 ·
珊瑚化石 ·
树枝化石 ·
依迪卡拉生物群化石 ·
恐龙脚印化石 ·
琥珀中的蚊子化石 ·

· 实体化石
· 铸模化石
· 生痕化石

（答案在24—27页）

9 下列关于生痕化石的叙述，哪些是正确的?

1.同一种生物可以留下不同种类的生痕化石。
2.科学家常利用生痕化石来鉴定生物种类。
3.深海环境很适合生物挖洞栖息。
4.像蚊香一样的漩涡状生痕化石，通常出现在深海环境。
5.生痕化石群可以让我们知道当时的环境深度。

（答案在26—27页）

10 下列叙述哪项正确?

1.古生物的大灭绝主要是人类猎捕。
2.陨石撞击和火山活动都可能造成生物大灭绝。
3.研究古生物，可以让我们知道古代的环境、天气。
4.水流会影响化石的排列，长形化石尤其明显。
5.研究古代气候可以利用花粉化石。

（答案在30—33页）

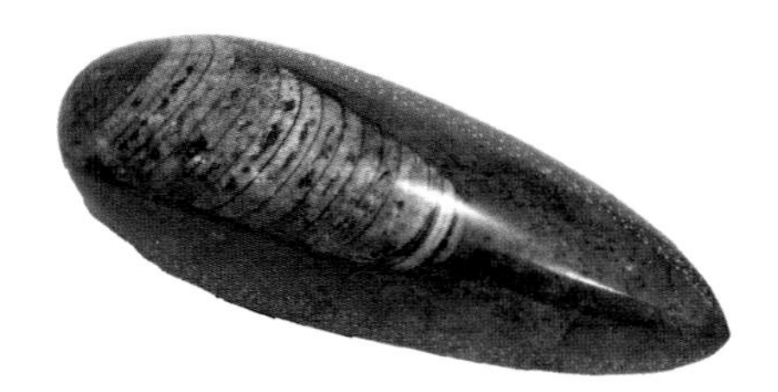

我想知道……

这里有30个有意思的问题，请你沿着格子前进，找出答案，你将会有意想不到的惊喜哦！

开始！

鸟类是从哪一类动物演化来的？ P.06

始祖鸟有什么特征呢？ P.06

大多数物都绝要怎样们？

为什么草食性恐龙要吞石头？ P.18

哺乳类动物在什么时候“大爆发”？ P.20

现代牛、羊、马的祖先，在什么时候出现？ P.20

太棒赢得金牌。

恐龙为什么会灭亡？ P.17

为什么会出现“物种大灭绝”？ P.30

陨石撞击对生物有什么影响？ P.31

除了古生物，研究化石还可以知道哪些事情？ P.32

恐龙的身体都很庞大吗？ P.17

如何挖掘和保存化石呢？ P.28

哪些地方比较容易出现化石？ P.28

颁发洲金

太厉害了，非洲金牌也是你的！

肉食性恐龙中哪一种的体型最大？ P.17

历史上最大的陆生动物是什么动物？ P.15

开花植物是在哪一纪出现的？ P.14

哪个时龙活跃

的古生
种了，
研究它
P.07

地球上最早的生物出现在什么时候？ P.08

最古老的动物化石是什么？ P.09

不错哦，你已前进5格。送你一块亚洲金牌！

若将地球出现生物的时间浓缩成24小时，人类在几点几分出现呢？ P.09

了，
美洲

猛犸象为什么会灭绝？ P.22

要经过多久的时间才称得上是化石？ P.24

古生物在哪一纪开始从单细胞演化成多细胞？ P.10

太好了！
你是不是觉得：
Open a Book！
Open the World！

化石是怎么形成的？ P.24

最早的鱼类长得什么模样？ P.11

大洋
牌。

古生物的粪便化石，可以让我们知道什么呢？ P.27

恐龙的脚印算是化石吗？ P.25

陆地上最早出现的古生物是植物，还是动物？ P.11

期是恐
的年代？
P.14

为什么古生物在二叠纪晚期大量消失？ P.13

获得欧洲金牌一枚，请继续加油！

水中生物因为哪种器官，渐渐可以在陆地生活？ P.12

图书在版编目（CIP）数据

古生物：大字版 / 谢中敏撰文．—北京：中国盲文出版社，2014.5
（新视野学习百科；18）
ISBN 978-7-5002-5021-0

Ⅰ．①古… Ⅱ．①谢… Ⅲ．①古生物—青少年读物
Ⅳ．①Q91-49

中国版本图书馆 CIP 数据核字（2014）第 052639 号

原出版者：暢談國際文化事業股份有限公司
著作权合同登记号 图字：01-2014-2143 号

古 生 物

撰　　文：谢中敏
审　　订：赖景阳
责任编辑：高铭坚
出版发行：中国盲文出版社
社　　址：北京市西城区太平街甲 6 号
邮政编码：100050
印　　刷：北京盛通印刷股份有限公司
经　　销：新华书店
开　　本：889×1194 1/16
字　　数：33 千字
印　　张：2.5
版　　次：2014 年 12 月第 1 版　2014 年 12 月第 1 次印刷
书　　号：ISBN 978-7-5002-5021-0/Q · 12
定　　价：16.00 元
销售热线：（010）83190288 83190292

绿色印刷　保护环境　爱护健康

亲爱的读者朋友：

本书已入选“北京市绿色印刷工程—优秀出版物绿色印刷示范项目”。它采用绿色印刷标准印制，在封底印有“绿色印刷产品”标志。

按照国家环境标准（HJ2503-2011）《环境标志产品技术要求 印刷 第一部分：平版印刷》，本书选用环保型纸张、油墨、胶水等原辅材料，生产过程注重节能减排，印刷产品符合人体健康要求。

选择绿色印刷图书，畅享环保健康阅读！

北京市绿色印刷工程